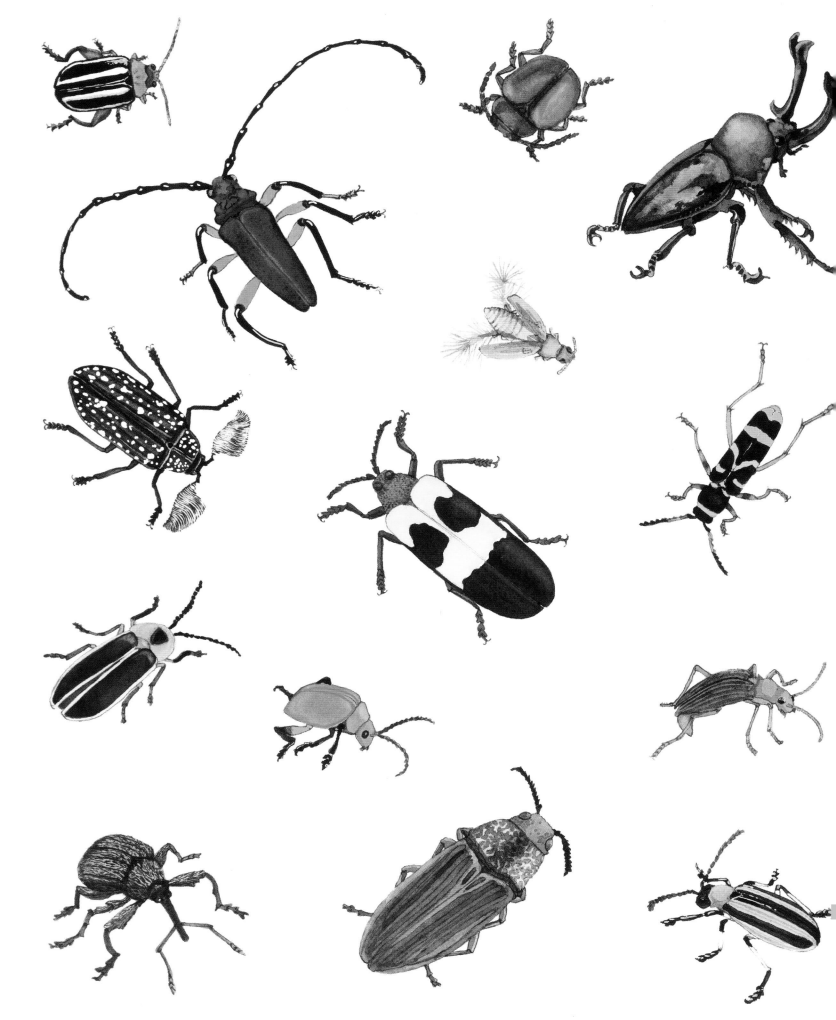

献给瓢虫勇士。

——黛安娜·赫茨·阿斯顿

献给我的儿子约翰——他英勇无畏、满怀爱心、善良体贴、赤诚忠厚，超越任何母亲对儿子的期待。

——西尔维亚·朗

特别致谢昆虫学家琳恩·利白克。

图书在版编目（CIP）数据

甲虫，如此害羞 / (美) 黛安娜·赫茨·阿斯顿文；
(美) 西尔维亚·朗绘；麦秋林译. -- 北京：海豚出版
社，2023.10
（美丽成长）
ISBN 978-7-5110-6577-3

Ⅰ.①甲… Ⅱ.①黛…②西…③麦… Ⅲ.①鞘翅目
—儿童读物 Ⅳ.①Q96-49

中国国家版本馆CIP数据核字(2023)第164981号

本书插图系原书插图
审图号： GS京（2023）1082号
版权合同登记号：图字01-2022-0975

出版人 王 磊

项目策划 奇想国童书
责任编辑 王 然 薛 晨
特约编辑 李 辉
装帧设计 李困困 七 画
责任印制 于浩杰 蔡 丽
法律顾问 中咨律师事务所 殷斌律师

出 版 海豚出版社
地 址 北京市西城区百万庄大街24号 100037
电 话 010-68996147（总编室） 010-64049180-805（销售）
传 真 010-68996147
印 刷 北京利丰雅高长城印刷有限公司
经 销 全国新华书店及各大网络书店
开 本 8开（635mm×965mm）
印 张 5
字 数 20千
版 次 2023年10月第1版 2023年10月第1次印刷
标准书号 ISBN 978-7-5110-6577-3
定 价 49.80元

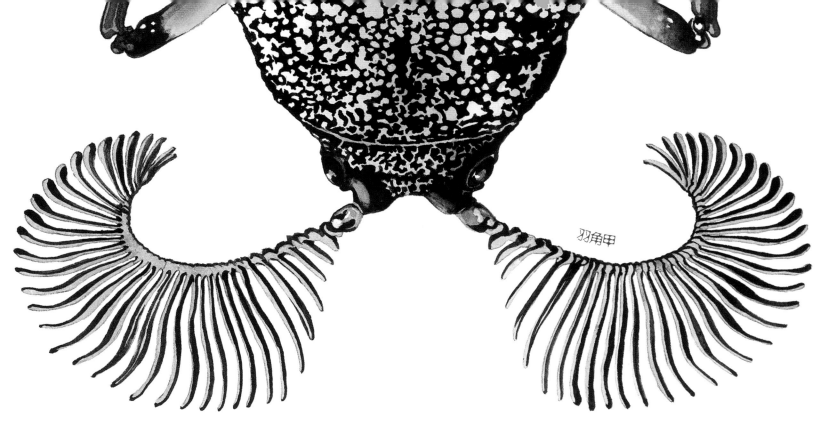

羽角甲

甲虫，如此害羞

[美] 黛安娜·赫茨·阿斯顿 文　　[美] 西尔维亚·朗 绘　　麦秋林 译

海豚出版社
DOLPHIN BOOKS
CICG 中国国际传播集团

星斑枕龟甲的卵囊

甲虫，如此害羞。

生命始于虫卵，
柔软、无翼且纤弱，
大树深根呵护着，
树叶在上庇佑着。

虫卵孵化成蠕动的幼虫，
以动植物的有机物质为食，迅速成长。
随着体形越来越大，
它会多次蜕掉坚硬的旧皮（也称外骨骼）。

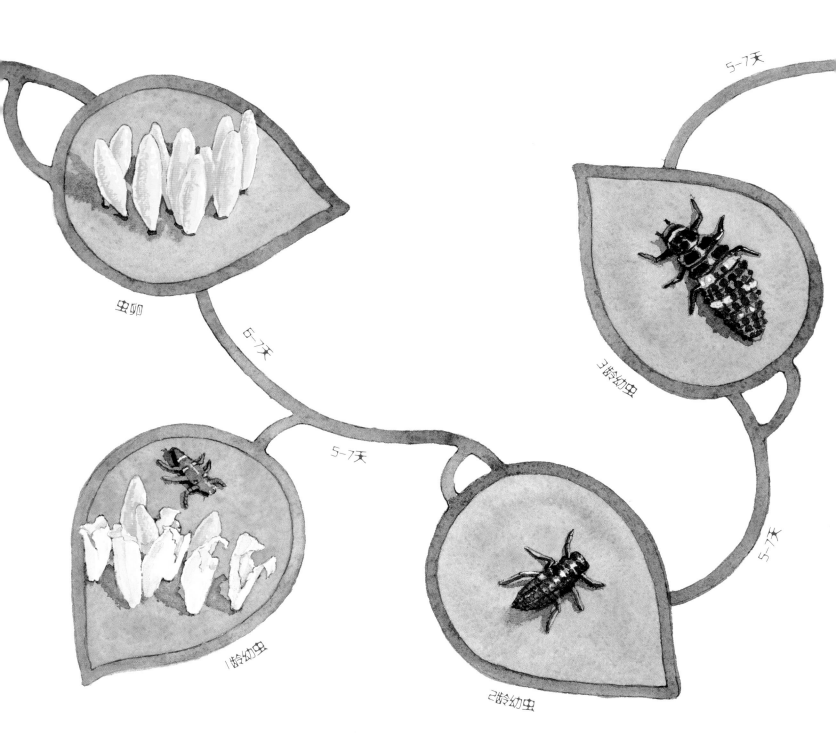

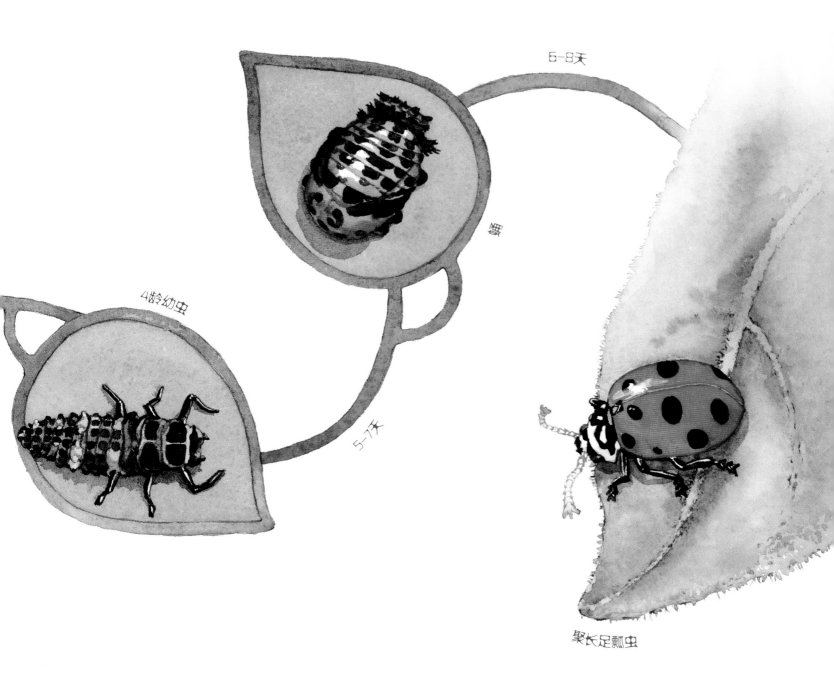

5—8天

蛹

4龄幼虫

5—7天

聚长足瓢虫

然后，它开始像蚕那样变形为蛹，
并在蛹的阶段发育出翅膀和触角。
最后，一只甲虫扭着、转着、蠕动着挣脱蛹壳，
露出它的身体和真实体色。

皱胸大锹绿天牛

黄斑花金龟

荨麻叶甲

甲虫，千变万化。

彩虹锹甲

吉丁

紫斑金吉丁

白蜡窄吉丁

许多甲虫体色为黑色或者褐色，
还有一些甲虫色彩斑斓，如彩虹般美丽，
或是浑身闪闪发光，散发金属光泽。

钴蓝萝藦叶甲

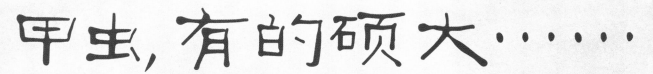

甲虫，有的硕大……

泰坦天牛

泰坦天牛是世界上
最大的昆虫之一，
它拥有强有力的上颚，
足以将一根铅笔咬成两段！

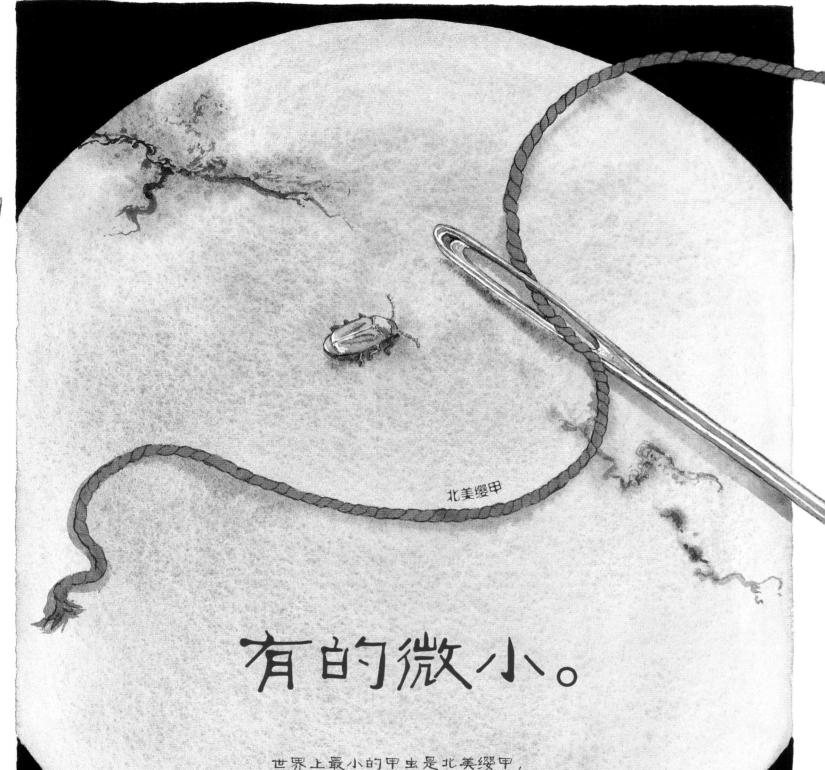

北美缨甲

有的微小。

世界上最小的甲虫是北美缨甲，
它也是世界上最小的昆虫之一。
它的体形如此细小，小到能从针鼻儿穿过去。

甲虫，

印度
锹甲酸辣酱

越南
椰树甲虫幼虫汤

泰国
炒蛣螂

味道鲜美。

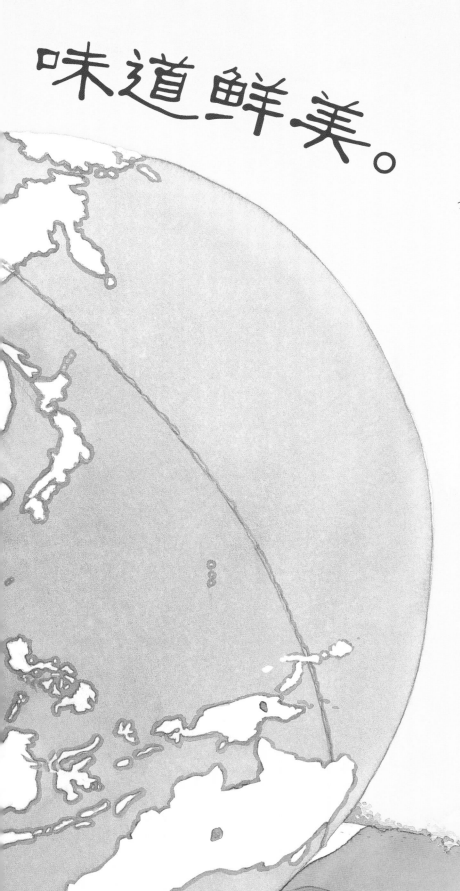

甲虫种类繁多，
除了南极洲，
各大洲都能找到它们的身影。
甲虫富含蛋白质，
全球各地的人们都会食用甲虫。

在美国可以吃到
面包虫①冰激凌；
在荷兰，可以尝试
裹着面包虫的巧克力。

● 巴布亚新几内亚
烤棕榈象甲幼虫

● 澳大利亚
烤天牛幼虫

① 面包虫，即黄粉虫幼虫。

甲虫，是挖掘能手……

有些甲虫的腿宽大有力，上面长着适宜挖掘的锯齿。
蜣螂犹如推土机，可以推动弹珠大小的动物粪球，
并把粪球埋到地下，或推到粪堆的顶部。

东美彩虹蜣

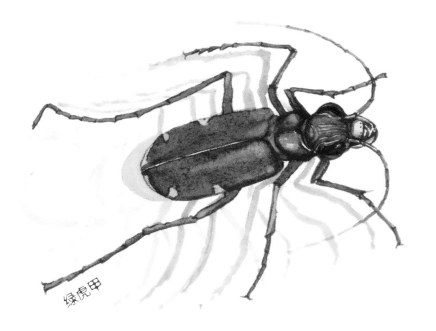

绿虎甲

是短跑冠军……

有些甲虫的腿又长又细，非常适宜奔跑。

虎甲跑起来的速度高达2.5米（8英尺）/秒。

如果以这样的速度奔跑，这个昆虫世界的奥运健将

能在短短1分钟内跑出150米的距离。

藜跳甲

是弹跳高手……

有些甲虫擅长弹跳。跳甲能用后腿

将自己弹出33厘米（13英寸）的高度。

还是游泳健将……

水栖甲虫以水藻、昆虫、蠕虫、
蝌蚪甚至小鱼为食。
有些甲虫长着扁平的腿，
游泳时作用有如船桨。

还有一些甲虫像帆船一样
在池塘和湖水上滑行，
或者在水面下加速，
犹如在玻璃天花板上滑冰。

突眼隐翅虫

大多数甲虫会用一种叫作"信息素"的化学物质传递消息。
信息素的气味像发电报时使用的代码一样，
能告诉甲虫到哪里觅食或找寻配偶。
还有些甲虫用翅膀摩擦身体发出刺耳的吱吱声，
它们利用这些声音来"交谈"。

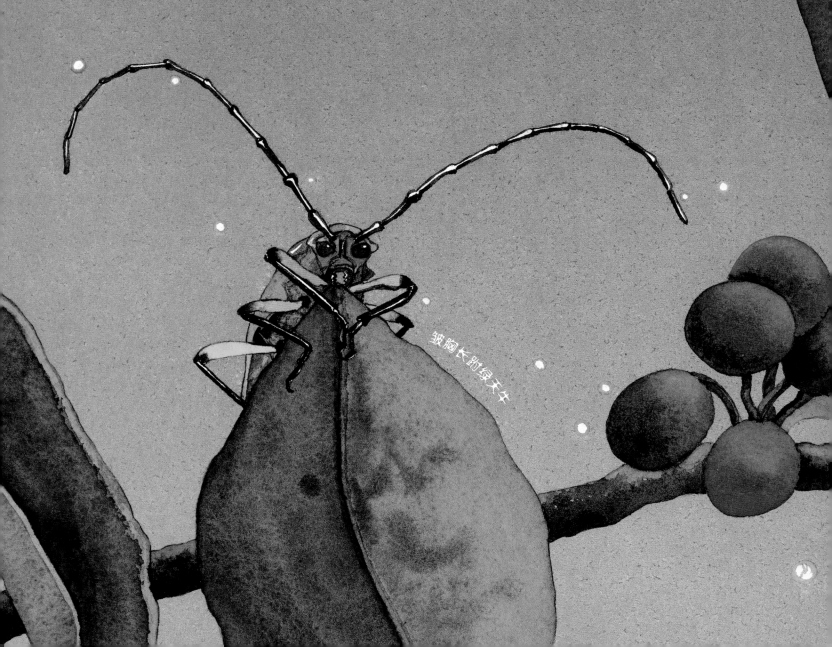

皱胸长附缘天牛

"传口信"。

萤火虫是一种利用自发光芒进行沟通的甲虫。
它们闪烁着发出信号，
以此来吸引配偶、捍卫领地或吓跑天敌。

萤火虫

甲虫用各种方式保护自己。
有些甲虫，尤其是以植物为食的甲虫，
会利用体色和体形伪装自己，
或者隐藏在树叶和树皮间。

栎实象

甲虫是自卫能手。

有些甲虫通过释放毒液来保护自己。
芫菁被形象地称为发疱甲虫，
它会分泌毒素，灼伤敌人的皮肤，引起肿疱。

芫菁

毒箭叶甲毒性很大，
一些非洲部落的猎人
将它们分泌的毒液涂抹
在箭尖上，能杀死大型动物。

毒箭叶甲

幼虫

蜂形虎天牛

甲虫还会通过拟态来自卫——
利用体色和体形模拟危险生物，
警告敌人远离自己。
比如，有一种无害的天牛看起来很像黄蜂。

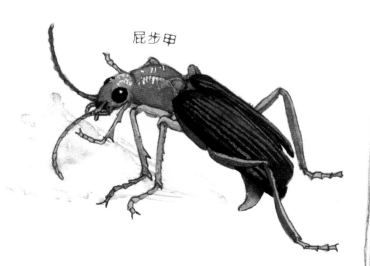

屁步甲

还有一种屁步甲，
腹部会喷射出滚烫的液体，
可灼伤敌人的眼睛，
并且形成一道烟幕，迷惑敌人。

聚长足瓢虫

甲虫，有的助人为乐……

瓢虫和花萤吃蚜虫，
保护植物茁壮成长。

花萤

条纹黄守瓜

棉铃象甲

有的危害巨大。

象甲和其他植食性甲虫啃食植物的叶子、枝茎或根，
破坏人们赖以生存的多种农作物，比如谷物、莴苣、
小麦、棉花以及土豆。
而在人们家里，米粒大小的蛛甲还会啃食羊毛制品、
麦片、香料、面包和干果，甚至宠物食品也不放过！

蛛甲

甲虫，生于史前。

包裹在琥珀（树脂化石）中的甲虫

化石显示，早在恐龙出现的时代就有甲虫存在，
甲虫在地球上居住的历史可以追溯到大约3亿年前，
比蝴蝶、蜜蜂以及其他昆虫都要早上数百万年。

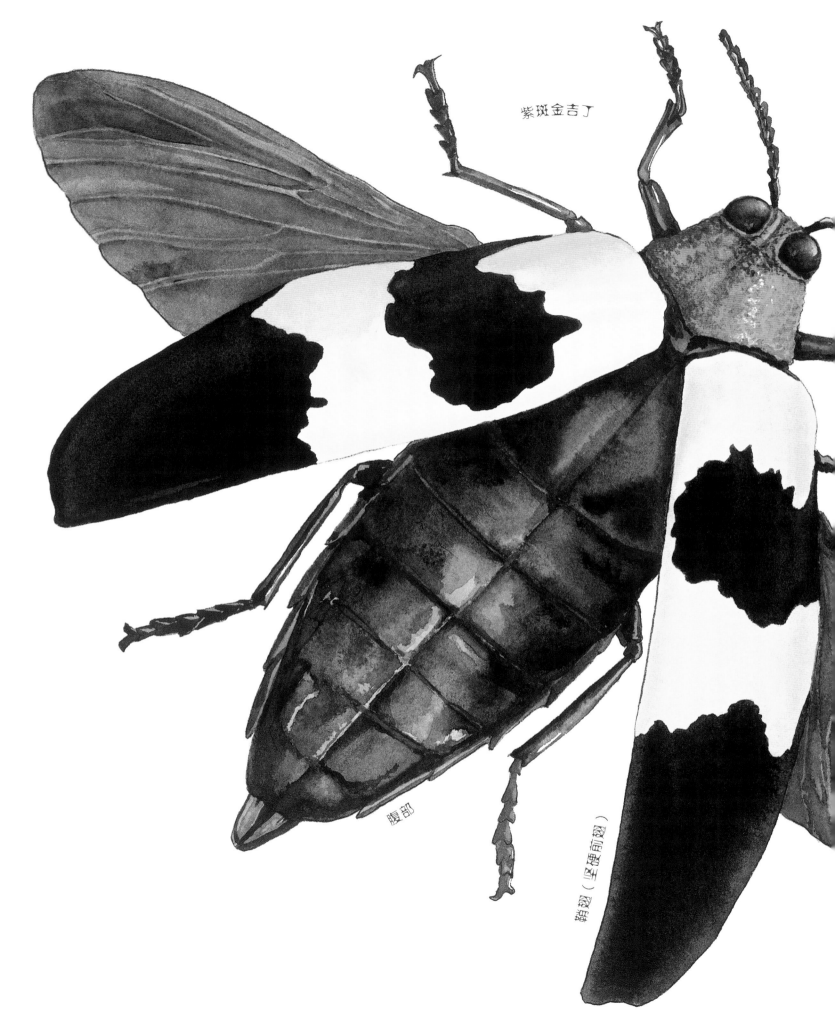

紫斑金吉丁

腹部

鞘翅（堅硬前翅）

在地球上已知的动物物种中，
昆虫占半数以上，超过一百万种。
而几近一半的昆虫是甲虫。
和其他有翅昆虫不一样，
甲虫拥有一对名为鞘翅的坚硬前翅，
将用于飞行的柔软膜翅保护起来，
免受日晒雨淋和饥饿的捕食者伤害。

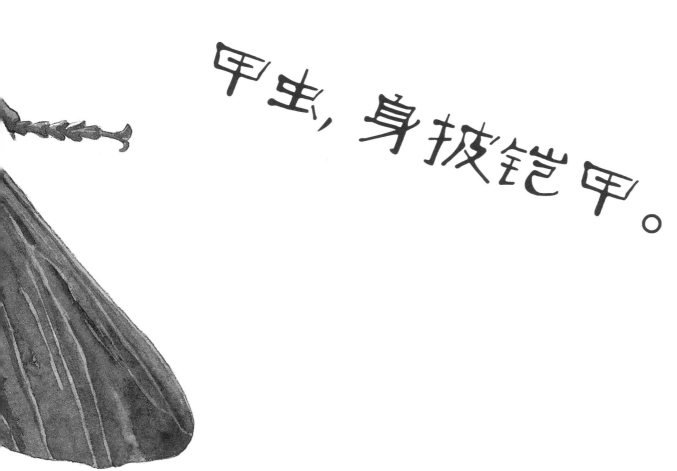

膜翅

甲虫，身披铠甲。

星斑梳龟甲蛹

甲虫，如此害羞……

初生的甲虫身体柔软，饥肠辘辘，
追不及待地将自己裹进蛹壳。
在这个舒适的小窝里，它可以一动不动，
直到变成自己该有的模样。

然后……

勇敢无畏！

星斑梳龟甲

藜跳甲

骏胸长跗绿天牛

荨麻叶甲

北美缨甲

彩虹锹甲

双角甲

蜂形虎天牛

萤火虫

紫斑金吉丁

屁步甲

毒箭叶甲

棉铃象甲

亮吉丁

条纹黄守瓜

聚长足瓢虫

绿虎甲

钻蓝萝摩叶甲

星斑梳龟甲

泰坦天牛

奇眼隐翅虫

芫菁

白蜡窄吉丁

乐美彩虹蜣

花萤

栎实象

瘤角天牛

蛛甲

黄金靶龟甲

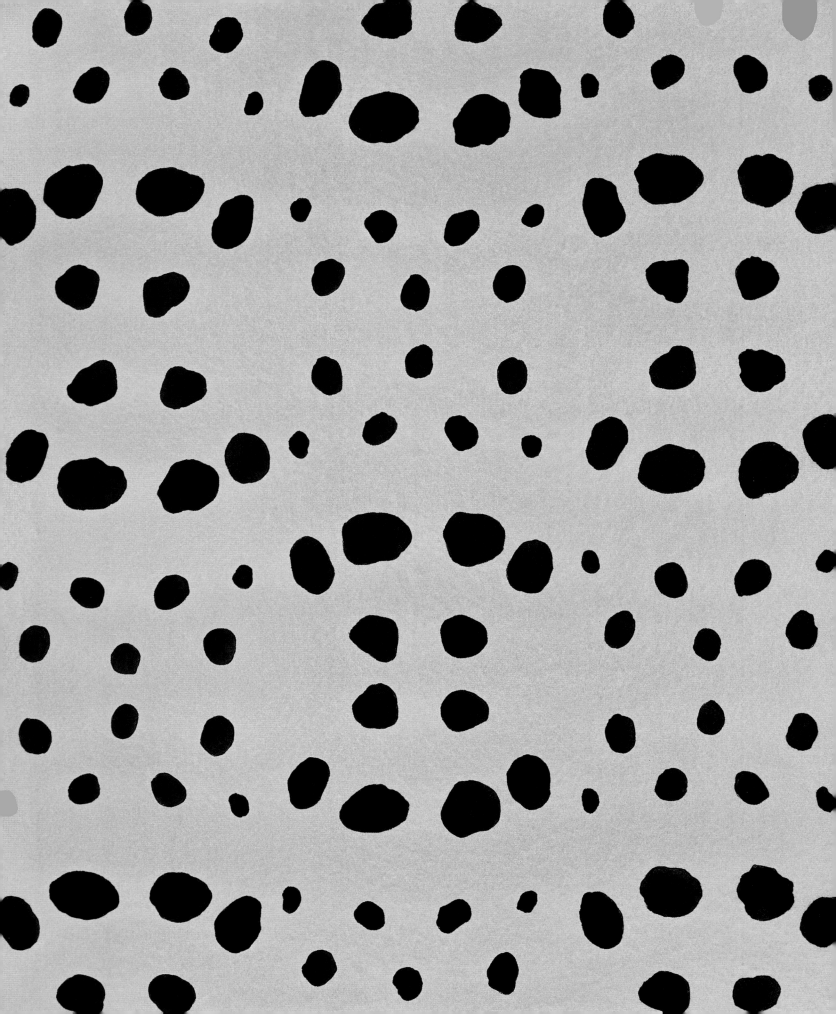